Dorothea Bernhard

Energieerzeugung in der BRD

Zustandsbericht, Perspektiven, Szenarien

GRIN Verlag

Bibliografische Information der Deutschen Nationalbibliothek:

Die Deutsche Bibliothek verzeichnet diese Publikation in der Deutschen National-
bibliografie; detaillierte bibliografische Daten sind im Internet über http://dnb.d-
nb.de/ abrufbar.

Impressum:

Copyright © 2009 GRIN Verlag GmbH
Druck und Bindung: Books on Demand GmbH, Norderstedt Germany
ISBN: 978-3-640-56425-5

Dieses Buch bei GRIN:

http://www.grin.com/de/e-book/145618/energieerzeugung-in-der-brd

Universität Passau
Lehrstuhl für Physische Geographie
Hauptseminar Aktuelle Umweltprobleme Europas

Wintersemester 2009/2010

Energieerzeugung in der BRD:
Zustandsbericht, Perspektiven, Szenarien

Dorothea Bernhard
2009

Inhalt

1. Einleitung

Energie erwärmt nicht nur unsere Häuser, sondern erhitzt auch unsere Gemüter.

Obwohl ein seit jeher viel diskutiertes Thema, hat sich die Situation in den letzten 30 Jahren deutlich verschärft; vor allem seitdem sich auch die Politik der Auseinandersetzung damit nicht mehr verwehren kann.

Laut der Internationalen Energie Agentur (IEA) steht die Menschheit an einem Scheideweg. Die heutigen Trends von Energieerzeugung und -verbrauch sind nicht zukunftsfähig – weder in ökologischer, wirtschaftlicher noch in sozialer Hinsicht. Dies kann – und muss – geändert werden. Denn noch ist ein Kurswechsel möglich. Die zentralen Energieherausforderungen unserer Zeit sind die Sicherung einer verlässlichen und bezahlbaren Energieversorgung ebenso wie das Erschaffen eines CO_2-armen und somit umweltverträglichen Energieerzeugungssystems. Letztlich legen diese Voraussetzungen als einzig möglichen Schluss nahe, dass wir eine Art Energierevolution brauchen. Sollten wir an dieser Aufgabe scheitern, so ist das Ausmaß der Folgen nicht wirklich absehbar – wenn wir auch heute schon, in Form von Naturkatastrophen, einen kleinen Vorgeschmack davon bekommen.

Fossile Energieträger sind heute die wichtigsten Energiequellen. Und trotz immer besser entwickelter alternativer Technologien wird dies v.a. aus Kostengründen noch lange so bleiben. Dennoch ist eine massive Minderung des Ausstoßes klimaschädlicher Treibhausgase unumgänglich, wenn wir eine katastrophale und irreversible Schädigung des Klimasystems noch verhindern wollen. Um dieses ehrgeizige Ziel erreichen zu können, sind viele wichtige Entscheidungen jetzt zu treffen und umzusetzen – und zwar auf Basis internationaler Zusammenarbeit.[1] Solange nicht die ganze Menschheit an einem Strang zieht, sind positive Ansätze wie das Kyoto-Protokoll nicht viel wert.

Tatsächlich steht auch Deutschland diesbezüglich am Beginn des 21. Jahrhunderts vor immensen Herausforderungen. Streitpunkte wie der Ausstieg aus der Kernenergie bei gleichzeitiger Reduzierung der CO_2-Emission und dem Ausbau der regenerativen Energien spalten die Nation. Prognosen einer potentiellen Versorgungslücke rufen Verfechter sogenannter Brückenlösungen – z.B. Erhalt der Kernenergie als Brücke in die Zukunft – auf den Plan.[2] Das energiepolitische Zieldreieck aus Versorgungssicherheit, Wirtschaftlichkeit sowie Umweltverträglichkeit birgt immenses Streitpotential.

Die vorliegende Arbeit wird zunächst die aktuelle Situation der Energieerzeugung in der BRD darlegen, bevor sie Perspektiven betreffend den Energiemix der Zukunft sowie einige Szenarien zu diesem Thema vorstellt. Um den Rahmen der Arbeit nicht zu überschreiten, wird darauf verzichtet, spezifische Verbrauchergruppen oder die Preisentwicklung zu untersuchen. Besonderes Augenmerk wird auf das Potential der erneuerbaren Energien (EE) gelegt.

---

[1] WEO 2008
[2] vgl. HANSEN, D.; TORSTAD HEGGELUND, E. (2008), S.16 und KRIEDEL, N.; SCHRÖER, S. (2008), S.21

2. Energieerzeugung in der BRD

Im Folgenden wird erläutert, welche Anteile die einzelnen Energiequellen an der Energieerzeugung in der BRD momentan haben, wie sich diese voraussichtlich in nächster Zukunft verändern werden und welche verschiedenen Entwicklungsszenarien denkbar sind.

Die Energiequellen werden im weiteren Verlauf der Arbeit wie folgt unterteilt: Fossile Energie (Stein- und Braunkohle, Torf, Erdgas, Erdöl), regenerative Energie (Sonnen-, Bio- und Windenergie, Wasserkraft, Geothermie) und Kernenergie (Kernspaltung und Kernfusion).

2.1 Zustandsbericht

Der Primärenergieverbrauch (PEV) der BRD hat sich trotz zunehmender Wirtschaftsleistung innerhalb der letzten 20 Jahre um etwa 3 Prozent reduziert.[3] 2008 wurde für Deutschland ein PEV von gesamt 478 Mio. t Steinkohleeinheiten (SKE) festgestellt. Die Anteile der einzelnen Energieträger zeigt Abbildung 1. Zusammenfassend lässt sich festhalten, dass Mineralöl mit einem Anteil von knapp 35 Prozent immer noch der wichtigste Energieträger ist, gefolgt von Erdgas (22,1%), Stein- (13,1%) und Braunkohle (11,1%). Die erneuerbaren Energien tragen 7,4 Prozent zur Deckung des PEV bei.[4] Das ist eine Steigerung von immerhin 2,8 Prozent im Vergleich zu 2005.[5] Die Hauptenergieträger sind also immer noch unverändert.[6]

Im ersten Halbjahr 2009 ergab sich im Vergleich zum entsprechenden Vorjahreszeitraum ein insgesamt um etwa 6 Prozent gesunkener PEV. Besonders auffällig ist, dass Steinkohle (-22,3 %), Erdgas (-11,0 %) und Kernenergie (-8,6 %) zum Teil zweistellige Rückgänge registrierten.[7]

Im Bereich der Stromerzeugung sind die Anteile jedoch deutlich anders verteilt. Hier machten 2008 die erneuerbaren Energien 15 Prozent und die Kernenergie 23 Prozent des Strommixes aus (Abb. 2). Die Bruttostromerzeugung ist von 1991 bis 2008 um etwa 15% auf 617 Terawattstunden (TWh) angestiegen.[8] Seit 2003 verzeichnet die BRD sogar eine steigende Stromexportbilanz. Tatsächlich laufen drei deutsche Atomkraftwerke rein rechnerisch nur noch für den Stromexport; die Angst vor der prognostizierten Stromlücke erscheint dadurch unbegründet.[9]

Im Bereich der Wärmeerzeugung konnten die EE in Deutschland 2008 einen Beitrag von 7,4 Prozent (103,8 Mrd. KWh) der gesamt verbrauchten 1402,8 Mrd. KWh erbringen (Abb. 3).

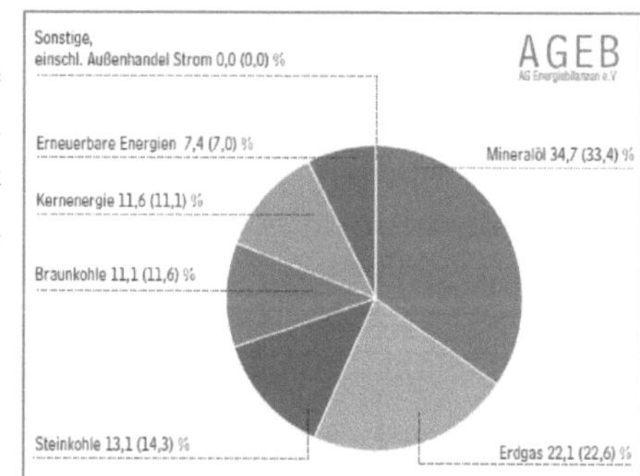

Abb. 1: Energiemix der BRD 2008 (Vorjahreswerte)

---

[3] vgl. STATISTISCHES BUNDESAMT (2006), S.5
[4] vgl. AG ENERGIEBILANZEN e.V. (2009)
[5] vgl. VOß, A. (2006), S.11
[6] vgl. STATISTISCHES BUNDESAMT (2006), S.5
[7] vgl. AG ENERGIEBILANZEN e.V. (2009)
[8] vgl. STATISTISCHES BUNDESAMT (2006), S.5
[9] vgl. STATISTISCHES BUNDESAMT (2006), S.13f. und JANZING, B.; REIMER, N. (2008)

Der Anteil an biologischen Treibstoffen lag im Jahr 2008 bei 5,9 Prozent des Gesamtkraftstoffverbrauchs (Abb. 4). Das waren 3,7 Mio. t Biokraftstoff gegenüber 19,9 Mio. t fossilem Benzin und 28,3 Mio. t fossilem Diesel.

Im Bezug auf die EE in Deutschland lässt sich zusammenfassend festhalten, dass die Windenergie bisher den größten Beitrag zur Energiebereitstellung leistet. Bioenergie ist auf dem Vormarsch; besonders auf dem Strommarkt findet ihr verstärkter Ausbau statt. Die Energiebereitstellung aus Wasserkraft stagniert quasi, da die Kapazität in der BRD ganz einfach an ihre Grenzen stößt. Mit immer weiterem Zubau ist Deutschland Photovoltaik-Weltmeister. Die Nutzung der Sonnenenergie ist auf einem guten Weg. Im Bereich der Geothermie zeigt der steigende Absatz von Wärmepumpen ebenfalls,

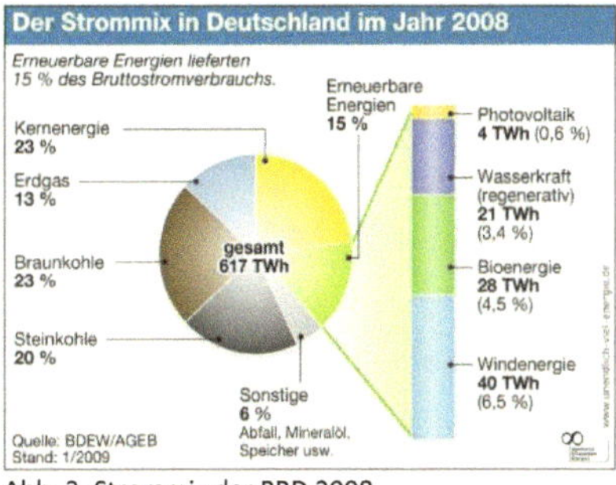
Abb. 2: Strommix der BRD 2008

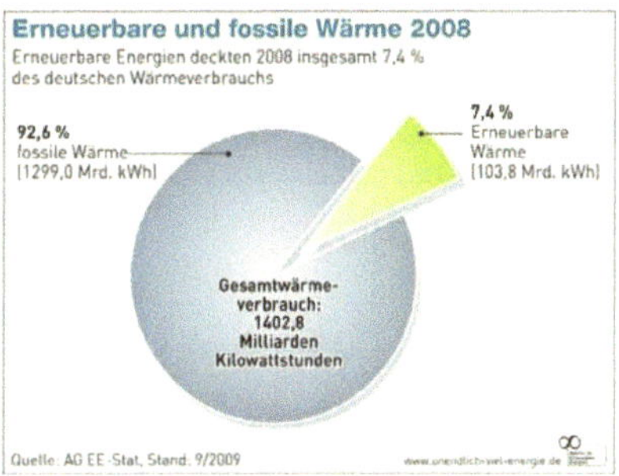
Abb. 3: Wärmeerzeugung in der BRD 2008

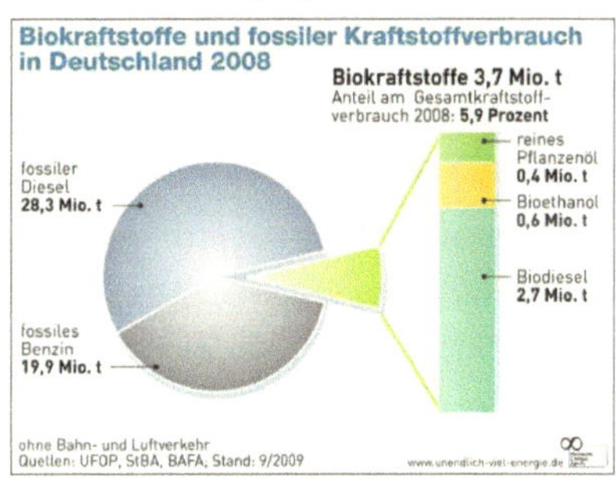
Abb. 4: Treibstoffe in der BRD 2008

dass schon viel erreicht wurde.[10]

Von besonderem Interesse im Zusammenhang mit Energieerzeugung ist heutzutage immer auch die Emission der sogenannten Treibhausgase; besonders des „Klimakillers" CO_2. Als weltweites Vorbild hat sich Deutschland besonders hohe Ziele gesteckt, was die diesbezügliche Einsparung betrifft. Der Gesamtausstoß aller Treibhausgase in Deutschland ist im Jahr 2008 gegenüber dem Vorjahr um fast 112 Mio. t (1,2 Prozent) gesunken.

Die Gesamtemission lag bei 945 Mio. t CO2-Äquivalenten. Laut Angaben des Umweltbundesamtes hat die BRD bereits jetzt eine Minderung um 23,3 Prozent (bezogen auf das Basisjahr 1990) erreicht und damit seine Kyoto-Verpflichtungen mehr als erfüllt.[11] Laut Meinung der Experten ist dies unter anderem dem zunehmenden Einsatz der EE zu verdanken, die neben Vorteilen für die Umwelt auch politisch Bedeutung haben. Je mehr die BRD nämlich auf EE setzt, umso weniger ist sie angewiesen auf den Import fossiler Brennstoffe aus womöglich politisch instabilen Ländern. Abbildung 5 zeigt deutlich, wie sehr die BRD von Importen abhängig ist.

---

[10] vgl. BÖHME, D. (2008), S.11
[11] vgl. DAS ENERGIEPORTAL.DE (03/2009)

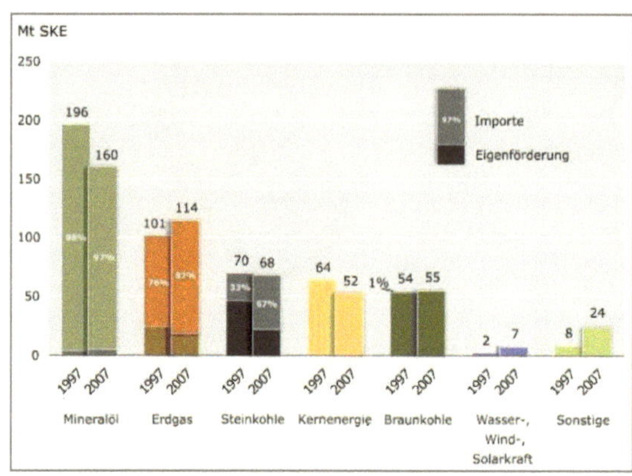

Abb. 5: Aufkommen und Importabhängigkeit der BRD bei Energierohstoffen 1997 und 2007

Zu beachten ist außerdem, dass aufgrund von Überalterung bis 2020 in der BRD etwa ein Viertel der gesamten 140 000 Megawatt (MW) Kraftwerkskapazität erneuert werden müssen; man muss sich bewusst machen, dass momentan die Entscheidungen über den zukünftigen Energiemix der nächsten 50 Jahre gefällt werden. Weitermachen wie bisher oder ein Schwenk hin zu den Erneuerbaren?[12]

2.2 Perspektiven

Welchen Weg wird die deutsche Energiewirtschaft gehen? Wird die aktuelle Richtung beibehalten, wendet man sich mehr den regenerativen Energien zu oder setzt man doch wieder auf Atomkraft? Nach der Beschreibung des Ist-Zustandes wird nun untersucht, welche Potenziale für die einzelnen Energiebereitstellungsmethoden in Deutschland existieren und wie sich diese in Zukunft entwickeln könnten. Hierbei wird betrachtet, was technisch maximal möglich ist.

2.2.1 Fossile Energie

Trotz rasantem Wachstum der regenerativen Energien werden auch in den nächsten Jahrzehnten vor allem die fossilen Energiequellen die Energieversorgung tragen. Welche konkreten Entwicklungen bei den einzelnen fossilen Energieträger zu erwarten sind, wird nun dargestellt.

2.2.1.1 Braun- und Steinkohle

Kohle bleibt auch in Zukunft das Rückgrat der weltweiten Energieversorgung – nicht anders in Deutschland: die Deutschen verbrauchen jedes Jahr über 65 Mio. t SKE. Mit 13,1 Prozent macht Steinkohle den drittgrößten und Braunkohle mit 11,1 Prozent den viertgrößten Teil der deutschen Primärenergieerzeugung aus (siehe Abb. 1).

Schon seit geraumer Zeit ist ihr Anteil rückläufig[13]; vor allem seitdem Klimaschutzpolitik eine immer größere Rolle spielt – denn Kohle gilt als Klimakiller Nr. 1![14] Größtes Problem der Kohle ist also ihr schlechtes Image. (Steinkohlekraftwerk mit einem Wirkungsgrad von 38 Prozent: 868 g CO_2/ kWh)[15] – hier geben allerdings die neuen CO_2-Sequestrierungstechnologien wieder

---

[12] vgl. ROSENKRANZ, G. (2006), S.47
[13] vgl. HELFER, M. (2008), S.34
[14] vgl. PECK, C. (2006), S.134
[15] vgl. PECK, C. (2006), S.139

Anlass zur Hoffnung (siehe 2.2.1.4).[16] Nach Meinung der Experten wird sich der Trend demnach ins Gegenteil verkehren, da steigende Erdöl- und -gaspreise sowie die Angst vor der Abhängigkeit von politisch instabilen Exportländern Kohle wieder interessant machen.[17] Außerdem basiert der prognostizierte Anstieg auf den vielseitigen Einsatzmöglichkeiten der Kohle (z.B. verflüssigte Kohle als Ersatz für Erdöl[18]) und der Tatsache dass ihr zudem noch die größte Reichweite unter den fossilen Energieträgern attestiert wird.[19] In Deutschland selbst ist dennoch die endgültige Einstellung des Steinkohleabbaus – vorbehaltlich einer Überprüfung im Jahr 2012 – für das Jahr 2018 geplant.[20] Die deutsche Steinkohle ist also nur bedingt als Reserve anzusehen.[21] Die Zukunft der Braunkohle scheint dagegen in Deutschland zumindest für einige Jahrzehnte noch gesichert; die Reserven sind immens. Hier ist der Abbau unkompliziert und lohnt sich noch: bis 2040 will man zwischen 30 und 50 Mio. t pro Jahr fördern und diese dann in emissionsfreien Kraftwerken verfeuern.[22] Eine Pilotanlage läuft bereits seit September 2008 erfolgreich. Bei einer Bewährung der Technologie ist eine weitere Nutzung von Kohle zur Energiebereitstellung definitiv zukunftsträchtig.[23]

2.2.1.2 Erdgas

Erdgas wird heute vielfach als „Treibstoff der Zukunft" präsentiert und ist auch tatsächlich dabei, dem Erdöl zunehmend Konkurrenz zu machen. Die großen Pluspunkte des Gases sind, dass es eine größere statistische Reichweite (etwa 190 Jahre) hat und bei der Verbrennung weniger CO_2 entsteht (0,2 kg CO_2/kWh).[24] Nach Meinung der Experten wird Erdgas bis 2020 mindestens ein Viertel des weltweiten Energiebedarfs decken.[25] Tendenz: weiter steigend. Deutschland ist schon jetzt weltweit Erdgasverbraucher Nr. 3.[26] Kohle (v.a. Braunkohle) und Kernenergie werden an Bedeutung verlieren, während Erdöl noch einige Zeit seine Stellung hält und das Gas immer wichtiger wird. Wegweisend ist hierbei, dass etwa 75 Prozent deutscher Neubauten auf Gas als Heizstoff setzen.[27] Und seitdem in Deutschland die heimische Kohle nicht mehr gesetzlich vor Konkurrenz geschützt wird (bis 1995) setzt auch die Strombranche zunehmend auf das sauberere Erdgas: 2004 acht Prozent, 2008 13 Prozent, Prognosen für 2020 belaufen sich auf 25 Prozent.[28]

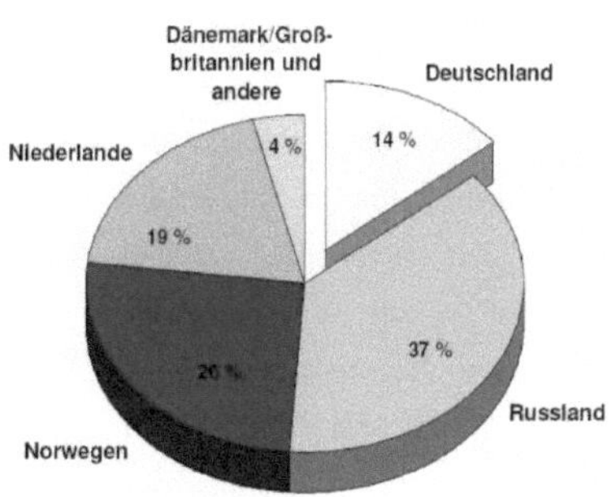

Abb. 6: Erdgasbezugsquellen der BRD 2008

---

[16] vgl. REICHEL, W. (2006), S.158f.
[17] vgl. REICHEL, W. (2006), S.159f.
[18] vgl. HELFER, M. (2008), S.40
[19] vgl. PECK, C. (2006), S.135 und REICHEL, W. (2006), S.160
[20] vgl. HELFER, M. (2008), S.33
[21] vgl. REMPEL, H. (2008), S.25
[22] vgl. PECK, C. (2006), S.138f.
[23] vgl. VATTENFALL (2008)
[24] vgl. KADEN, W. (2006), S.143 und 146
[25] vgl. LEWALTER, U. (2007)
[26] vgl. REMPEL, H. (2008), S.26
[27] vgl. KADEN, W. (2006), S.144f.

Auch die deutsche Automobilbranche entdeckt den Rohstoff zunehmend für sich. Seit Ende der 90er-Jahre hat sich der Bestand an erdgasbetriebenen Fahrzeugen bereits verdoppelt. Ebenso wird das Netz von Erdgastankstellen immer dichter. 2008 gab es in Deutschland bereits knapp 800 (2004: 500) davon.[29]

Problematisch ist, was das Erdgas betrifft, wiederum die Abhängigkeit von den Förderländern bzw. zusätzlich von den Ländern, durch die die Pipelines laufen.[30] Ähnlich wie beim Öl sind auch hier viele politisch instabile

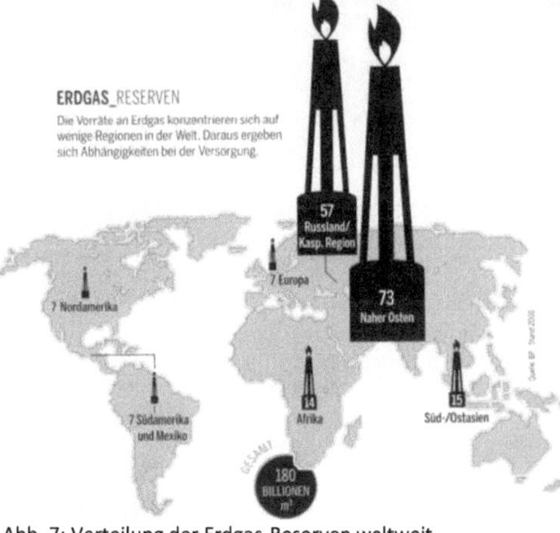

Abb. 7: Verteilung der Erdgas-Reserven weltweit (in Mio. m³)

Staaten zu nennen.[31] Noch sind Deutschlands Zulieferer überwiegend europäisch (Abb. 6), aber wenn man Abbildung 7 betrachtet, sieht man, dass dies nicht auf Dauer so bleiben wird. Und auch die Gaspreise haben längst begonnen zu steigen, da in den meisten Verträgen eine Bindung an den geradezu explodierenden Ölpreis vorgesehen ist.[32]

Dennoch wäre es unrealistisch den prognostizierten Anstieg an Erdgasverbrauch zu negieren: Als „saubere“, vielseitige und noch lange verfügbare Energiequelle wird dieser Rohstoff weiter Karriere machen; schon heute spricht man vom 21. Jahrhundert als dem Gaszeitalter.

2.2.1.3 Erdöl

Erdöl – das schwarze Gold – machte das vergangene Jahrhundert zum sogenannten Ölzeitalter. Heute schrumpfen die ohnehin begrenzten Reserven des Rohstoffs immer schneller. Zunächst einmal, weil der Energiebedarf der Menschheit wächst, und zum anderen, weil weniger neue Vorkommen entdeckt werden: Von sechs verbrauchten Barrel Öl wird nur eines durch einen Neufund ersetzt. Es wird erwartet, dass in etwa zehn Jahren der Bedarf nicht mehr gedeckt werden kann;[33] der sogenannte „global peak oil"[34] soll innerhalb der nächsten 10 bis 20 Jahre erreicht werden. Ab diesem Zeitpunkt ist ein sukzessiver Rückgang der

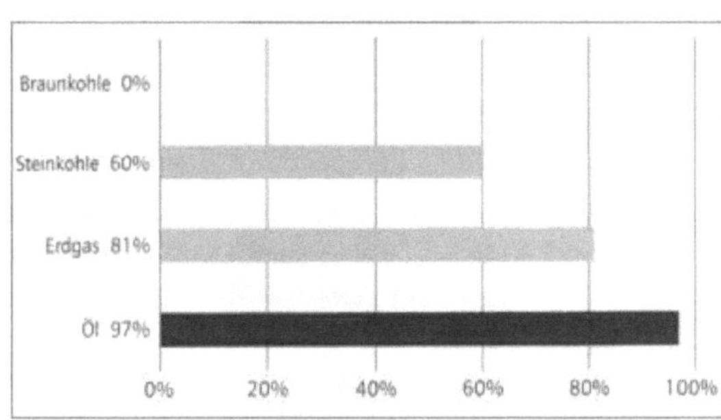

Abb. 8: Importabhängigkeit der BRD bei Energierohstoffen (2004)

---

[28] vgl. KADEN, W. (2006), S.146
[29] vgl. KADEN, W. (2006), S.146
[30] vgl. LEWALTER, U. (2007)
[31] vgl. KADEN, W. (2006), S.146
[32] vgl. KADEN, W. (2006), S.151
[33] vgl. VAHRENHOLT, F. (2006), S.196
[34] globales Ölfördermaximum: Hälfte der nutzbaren Reserven aufgebraucht

Förderung unvermeidlich.[35] Zusätzlich zu den damit verbundenen ständigen Preisanhebungen kommt beim Erdöl ebenso wie bei seinen fossilen Verwandten die deutliche Abhängigkeit von den Förderländern hinzu. Eine solche ist, genau wie beim Erdgas, unvermeidlich, da Deutschlands eigene Reserven geradezu lächerlich gering sind[36], wie Abbildung 8 zusätzlich verdeutlicht. Und trotz seiner großen Beliebtheit bei den Energiekonzernen hat der Rohstoff schlicht keine gute Ökobilanz vorzuweisen (0,28 kg CO2/kWh).[37]

Dementsprechend wird mit einem wachsenden Angebot an sauberen Alternativen, einer dominanten Umweltpolitik und steigenden Preisen fossiler Energiequellen der Erdölanteil am Energiemix in Deutschland deutlich zurückgehen; wenn auch vorerst noch die momentanen 38 Prozent bestehen bleiben.[38] Denn auch der Erdöllobbymacht macht die neue Technologie der Clean Coal Technologies Hoffnung das Image des Erdöls trotz immer stärkerem Umweltbewusstsein verbessern zu können.

2.2.1.4 Clean Coal Technologies

Kohle und Erdöl sind heute für jeweils 40 Prozent der CO2-Emissionen im Energiesektor verantwortlich. Vor dem Hintergrund des drohenden Klimawandels fallen CO2-Emittenten immer mehr in Ungnade. Man sucht dringend nach einer Möglichkeit, die Emission zu verringern; scheinbar erfolgreich, denn mittlerweile hat man verschiedene Wege gefunden der Emission weitgehend beizukommen; mit Hilfe der sogenannten Clean Coal Technologies(CCT) – einer Methode zur Abscheidung und Sequestrierung des klimaschädlichen Gases. Technisch bereits machbar, scheint diese nahezu CO2-freie Möglichkeit, Strom zu erzeugen, eine verlockende Option zur Lösung des Konflikts zwischen Energienachfrage und Klimaschutz zu sein.[39] Man unterscheidet drei Verfahren: Kohlevergasung, Verbrennung in Sauerstoffatmosphäre und CO_2-Wäsche aus Rauchgas. Die Sequestrierung (=Endlagerung) betreffend gibt es ebenfalls diverse Forschungsansätze: Lagerung in geologischen Formationen (leere Erdöl-/Erdgaslagerstätten, Acquifere oder Kohleflöze) sowie in der Tiefsee.[40]

Die Technologie ist zurzeit noch nicht weit verbreitet, gewinnt aber zunehmend an Bedeutung. Immerhin gibt es bereits mehrere deutsche Pilotanlagen (Kraftwerk Schwarze Pumpe, Kraftwerk Staudinger, Kraftwerk Niederaußem), die die großtechnische Anwendung erproben.

Größtes Problem ist bisher die Verringerung des Wirkungsgrades der Kraftwerke um circa 10 Prozent sowie die gesicherte Endlagerung des Gases. Deshalb rechnen Experten mit der Einführung der Technik als Standard erst etwa um das Jahr 2020.[41]

---

[35] vgl. REMPEL, H. (2008), S.25
[36] vgl. VAHRENHOLT, F. (2006), S.197
[37] vgl. KADEN, W. (2006), S.148
[38] vgl. KADEN, W. (2006), S.144
[39] vgl. HELFER, M. (2008), S.39
[40] vgl. BUNDESANSTALT FüR GEOWISSENSCHAFTEN UND ROHSTOFFE
[41] vgl. HELFER, M. (2008), S.39

2.2.2 Regenerative Energie

Neben der Strategie, Energie zu sparen, wo es geht, und gleichzeitig eine effizientere Umwandlung von konventionellen Energieträgern voranzutreiben, spielen die regenerativen Energiegewinnungsmethoden eine immer größere Rolle.

2.2.2.1 Wasserkraft

Die Wasserkraft ist die technisch bereits am längsten genutzte regenerative Energiequelle. Inzwischen wird hier nur noch wenig an Kapazität zugebaut, da die inländischen Möglichkeiten bereits weitestgehend ausgeschöpft sind. Die Erzeugung der Energie ist witterungsabhängig, da beispielsweise Niederschläge die Wassermenge immens beeinflussen.[42]

Der ermittelte Potenzialwert für Deutschland wird von den Experten bei 25,5 TWh festgesetzt. Das noch ausbauwürdige Potenzial beträgt rund 5,5 TWh, da derzeit bereits 78 % des Endpotenzials genutzt werden.[43] Dank neuer, durch das Erneuerbare-Energien-Gesetz (EEG) bewirkter, Investitionsanreize werden dennoch geringe Zuwachsraten erwartet. Dieser Zuwachs wird wohl vornehmlich auf der Modernisierung bereits bestehender Wasserkraftanlagen basieren[44], da sich die neueren Technologien (Wellenkraftwerke, Gezeitenkraftwerke) für die deutschen Küsten nicht gut eignen.[45] Obwohl von den Lobbyisten der EE weithin akzeptiert, hat auch die Wasserkraftgewinnung ihre Gegner. Vornehmlich sind dies Umweltschützer, die den „Endausbau unserer Flüsse", also eine übermäßige umweltschädliche Verbauung, befürchten und die Wasserkraftanlagen als Zerstörung der Umwelt verteufeln.[46]

2.2.2.2 Windenergie[47]

Mit insgesamt 23.902,77 MW installierter Windkraftanlagen-Leistung Ende des Jahres 2008 liegt Deutschland im internationalen Vergleich an zweiter Stelle. Die Zahlen der Neuinstallationen sind mittlerweile rückläufig, da erst neue Standorte erschlossen werden müssen (Offshore-Windanlagen). Mit 6,5 % Anteil am Bruttostromverbrauch der BRD leistet die Windenergie aber bereits einen entscheidenden Beitrag zum Strommix und dennoch ist ein Ende an weiterem Zuwachs derzeit nicht absehbar. Unter den Erneuerbaren hat die Windenergie inzwischen die Wasserkraft überholt und trägt jetzt den größten Teil zur Energiebereitstellung bei.[48] Das ermittelte Windkraft-Potenzial für Deutschland beläuft sich laut Experten auf 68 TWh/a an Land und 135 TWh/a Offshore.[49]

---

[42] vgl. BÖHME, D. (2008), S.9
[43] vgl. WAGNER, E. (2008), S.81
[44] vgl. BÖHME, D. (2008), S.9
[45] vgl. JANZING, B. (2006b)
[46] vgl. UHRMEISTER, B. (2002), S.242f.
[47] Die Windenergie wird hier nur der Vollständigkeit halber kurz erwähnt, da ein anderer Kursteilnehmer dieses Thema ausführlich bearbeitet.
[48] vgl. BÖHME, D. (2008), S.18 und DEUTSCHES WINDENERGIE-INSTITUT (2009)
[49] vgl. BÖHME, D. (2008), S.44

2.2.2.3 Bioenergie

Energie aus Biomasse hat heute sowohl für Wärme-, als auch für Strom- und Kraftstofferzeugung deutlich an Bedeutung gewonnen. Besonders im Strommarkt findet ein verstärkter Ausbau der Bioenergie statt. Zu unterscheiden sind hier Biogas, Biokraftstoffe sowie die energetische Nutzung fester Biomasse.[50] Das langfristig realisierbare Nutzungspotenzial an Energie aus Biomasse wird von Experten für die Stromerzeugung auf 50 TWh/a, für die Wärmeerzeugung auf 150 TWh/a und für den Kraftstoffbereich auf 155 TWh/a geschätzt.[51]

Die Biomasse hat unter den EE den Vorteil, dass sie immer zur Verfügung steht und somit bedarfsgerecht eingesetzt werden kann. So leistet sie einen wichtigen Beitrag zur sicheren Energieversorgung.[52] Dank Jahreszeit- und Witterungsunabhängigkeit wird Bioenergie bei ausreichendem Ausbau entscheidend dazu beitragen zukünftig die Grundlast der BRD zu decken bzw. den Ausgleich zu ermöglichen, wenn andere EE-Quellen Schwankungen ausgesetzt sind. Ein weiterer Pluspunkt ist die CO2-Neutralität von Biomasse: bei der Verbrennung wird nur soviel Gas freigesetzt, wie während des Wachstums gebunden wurde.[53]

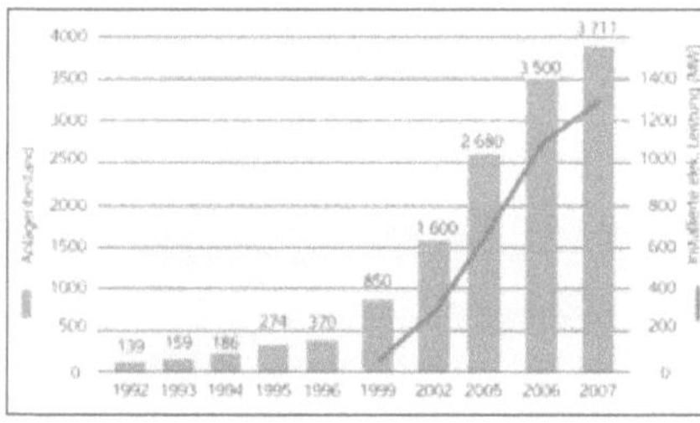

Abb. 9: Biogasanlagen (Anzahl der Installationen und Kapazität in MW)

Speziell das Biogas birgt – dank spezieller Aufbereitungsmethoden auf Erdgasqualität – großes Potenzial. Prognosen besagen, dass bis zum Jahr 2030 eine Einspeisung von 100 Mrd. KWh/a vorstellbar ist; das wären etwa 10 Prozent des momentanen Erdgasverbrauchs der BRD. Bis 2020 sollen schon 3.000 MW Leistung installiert sein.[54]

Im Bereich der Biokraftstoffe sind vor allem eine Verbesserung der Effizienz sowie eine Erweiterung der Edukt-Palette zu verzeichnen: die sogenannten Biokraftstoffe der zweiten Generation[55]. Diese werden voraussichtlich ab 2020 in relevanten Mengen verfügbar sein[56]; die Herstellung in industriellem Maßstab wird derzeit vorbereitet.[57]

Was die energetische Nutzung fester Biomasse anbelangt, so werden die Anlagen in Deutschland kontinuierlich weiterentwickelt, um sowohl die Effizienz als auch die Handhabung ständig zu verbessern. In diesem Sektor zeigt auch die Technik der Kraft-Wärme-Kopplung großes Potenzial.[58] Speziell die Nutzung von Kleinfeuerungsanlagen nimmt in Deutschland

---

[50] vgl. DEUTSCHE ENERGIE AGENTUR (2008e)
[51] vgl. BÖHME, D. (2008), S.44
[52] vgl. BÖHME, D. (2008), S.9
[53] vgl. BÖHME, D. (2008), S.21
[54] vgl. DEUTSCHE ENERGIE AGENTUR (2008b)
[55] vielfältigere Ausgangsstoffe wie z.B. Holz und Stroh
(erste Generation basiert allein auf zucker-, stärke- und ölhaltigen Pflanzen)
[56] vgl. BÖHME, D. (2008), S.22
[57] vgl. DEUTSCHE ENERGIE AGENTUR (2008a)
[58] vgl. KREWITT, W. (2006), S.11

immer mehr zu. In diesem Bereich wird weiterer Zuwachs erwartet, was zeigt, dass in vielen Haushalten das Umdenken begonnen hat.[59]

2.2.2.4 Geothermie

Bisher wurde die Nutzung der Geothermie im großen Stil in Deutschland eher stiefmütterlich behandelt, aber auch hier sehen die Experten eine große Chance: Das langfristig realisierbare Nutzungspotenzial an geothermal gewonnener Energie beziffern sie für die Stromerzeugung mit 150 TWh/a sowie für die Wärmeerzeugung mit 330 TWh/a.[60] Im Jahr 2007 belief sich die installierte Leistung zur geothermalen Stromerzeugung auf 2,4 MW. [61]

Als Folge der Novellierung des EEG sind seit 2004 die Konditionen für die Geothermie deutlich besser geworden. So versucht man der risikobedingten Investitionsscheu beizukommen. Ein Vorteil der Geothermie ist, wie bei der Bioenergie, ihre Grundlastfähigkeit, d.h. sie steht immer zur Verfügung.[62] Das macht sie theoretisch besonders attraktiv. Schwierig ist jedoch, dass jeder Standort andere technische Probleme aufweist und in der Regel die elektrische Leistung auf zwei bis fünf MW beschränkt ist; die Erschließung setzt also einen hohen Kapitaleinsatz sowie

Risikobereitschaft voraus. Die Erfolge und Misserfolge der aktuell laufenden und geplanten Projekte (etwa 150 deutschlandweit)[63] werden entscheidend sein für die weitere Entwicklung der geothermalen Energienutzung in Deutschland.[64] Auch weitere Rückschläge, wie der Fall Basel Ende 2007, sind gut möglich: Hier löste eine Bohrung nach Erdwärme ein Erdbeben der Stärke 3,4 aus.[65] Dennoch sind die Prognosen im Allgemeinen sehr positiv: Im Bereich der Wärmebereitstellung wird ein jährlicher Zuwachs der installierten Kapazität von bis zu 30% erwartet. Was die geothermische Nutzung zur Herstellung von Strom

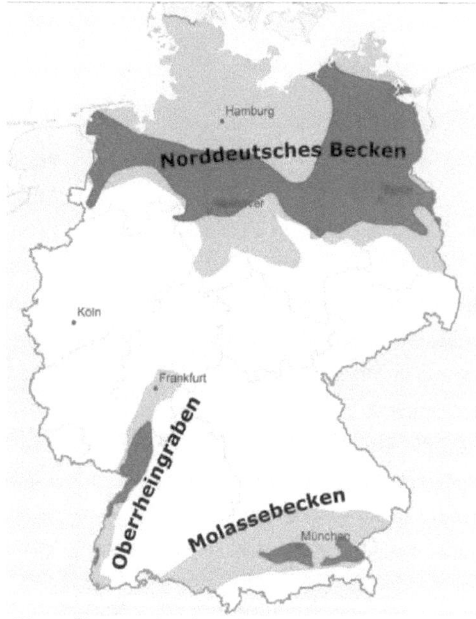

Abb. 10: Übersicht über die wichtigsten Regionen Deutschlands, die für hydrogeothermische Nutzung in Frage kommen: Acquifere mit Temperaturen über 60 °C (orange) und über 100 °C (rot).

[59] vgl. DEUTSCHE ENERGIE AGENTUR (2008d)
[60] vgl. BÖHME, D. (2008), S.44
[61] vgl. BÖHME, D. (2008), S.17
[62] vgl. JANZING, B. (2006a), S.238
[63] vgl. KOTYNEK, M. (2008)
[64] vgl. JANZING, B. (2006a), S.241
[65] vgl. KOTYNEK, M. (2008)

anbelangt, so sind noch viele Neuerungen im technologischen Bereich zu erwarten.[66] Die räumliche Verteilung des Nutzpotenzials in Deutschland zeigt Abbildung 10.

2.2.2.5 Solarenergie

Die Solarenergie gilt als großer Hoffnungsträger der Energiewirtschaft für die zukünftige Energiebereitstellung. Teils noch in den Kinderschuhen steckend wird ihr schon jetzt ein immenses Potenzial zugesprochen: Noch sind die Technologien allerdings zu unausgereift, zu ineffizient und vor allem zu kosten- und flächenintensiv.[67] Tatsächlich beläuft sich laut Experten das langfristig in der BRD realisierbare Nutzungspotenzial an solarer Energie für die Stromerzeugung (Photovoltaik[PV]) auf 105 TWh/a sowie für die Wärmeerzeugung (Solarthermie) auf 300 TWh/a.[68] Die Fachwelt meint auch, dass eine zukünftige Solarstromquote von einem Fünftel des heutigen Verbrauchs selbst im relativ sonnenarmen Deutschland nicht unrealistisch sei bzw. dass die PV sogar bedarfsdeckend sein könnte[69]. Auch

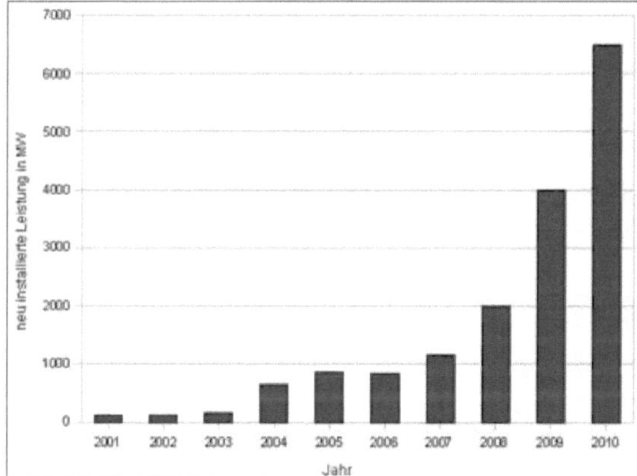

Abb. 11: Neu installierte PV-Leistung in Deutschland

was die Kostenproblematik anbelangt gibt es Fortschritte: Das Fraunhofer-Institut für solare Energiesysteme (ISE) hat ein Verfahren entwickelt, das auf weniger reinem Silizium (auch „dirty silicon" genannt), einem billigeren – wenn auch weniger effektiven – Stoff basiert. Außerdem wurde ein System mit optischen Linsen entwickelt, das den Bedarf an teuren Hochleistungshalbleitern minimiert; so wird ebenfalls eine höhere Rentabilität erreicht. Die immense Förderung seitens der deutschen Politik und die ständigen Fortschritte im technologischen Bereich lassen nur positive Prognosen für die weitere Entwicklung des PV-Sektors zu.[70]

Was die Solarthermie anbelangt, so sind in Deutschland die Zubauraten inzwischen zwar rückläufig, allerdings immer noch auf einem hohen Niveau (etwa 1 Mio. m² neu installierte Fläche im Jahr 2007). Dieser Rückgang ist schlichtweg dadurch zu erklären, dass die Solarthermie mittlerweile technologisch ausgereizt zu sein scheint und die bereits installierten Flächen einfach schon so groß sind, dass zwangsläufig ein Zubau-Rückgang einsetzt. Dennoch tragen hohe Öl- und Gaspreise sowie die Förderung durch den Bund weiter zum Ausbau bei.[71]

---

[66] vgl. DEUTSCHE ENERGIE AGENTUR (2008c)
[67] vgl. REICHEL, W. (2006), S.156
[68] vgl. BÖHME, D. (2008), S.44
[69] vgl. MüLLER, P. (2004), S.151f.
[70] vgl. KRÖHER, M.O.R. (2007) ,S.111-114
[71] vgl. BÖHME, D. (2008), S.10

Insgesamt lässt sich also festhalten, dass im Bereich der Solarthermie in absehbarer Zeit die potenziell mögliche Nutzgrenze für Deutschland erreicht sein wird, während für die PV der große Durchbruch erst noch zu erwarten ist. Wegweisend hierfür ist beispielsweise das 2009 ans Netz gegangene vorläufig weltweit größte PV-Kraftwerk bei Leipzig, das allerdings immer noch eine Fläche von 200 Fußballfeldern benötigt, um ca. 40 Mio. kWh/a zu erzeugen.[72] Weitere Kostensenkungen werden noch erwartet, obwohl sich diese seit 1990 ohnehin schon halbiert haben. Das ISE geht davon aus, dass im Jahr 2020 in der BRD eine kWh Solarstrom für 20 Cent produziert werden wird. Problematisch bleibt weiterhin die Speichertechnik, wo Fortschritte noch etwas auf sich warten lassen.[73]

2.2.3 Kernenergie

Der Atomausstieg Deutschlands ist seit dem 22. April 2002 gesetzlich festgelegt. Es gilt das Verbot des Neubaus von kommerziellen Atomkraftwerken (AKW) und die Befristung der Regellaufzeit der bestehenden Kernkraftwerke auf durchschnittlich 32 Jahre seit Inbetriebnahme. Läuft alles nach den aktuellen Vorgaben, dann geht 2021 das letzte AKW vom Netz (Abb. 12).[74] Aber vor allem seitdem die Energiepreise stetig steigen und der Klimawandel immer augenscheinlicher wird, ist die Kernenergie wieder im

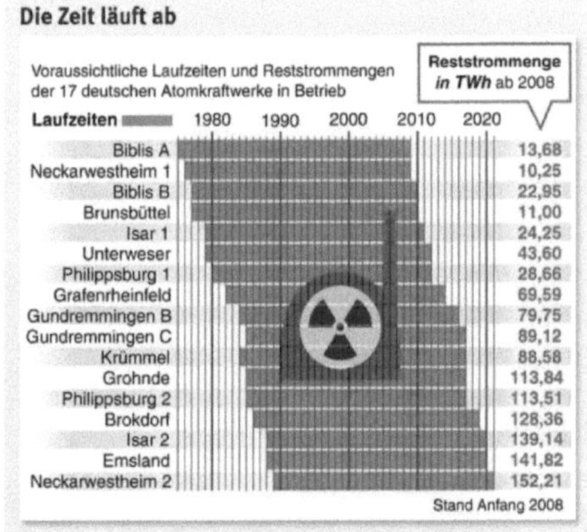

Abb. 12: Restlaufzeiten deutscher Atomkraftwerke

Gespräch. Obwohl bisher nichts Derartiges verlautbart wurde, sehen die Lobbyisten der Kernenergie in Deutschland eine Chance, an deren angeblicher weltweiter Renaissance teilzuhaben. Laut ihren Fürsprechern liefern Kernkraftwerke elektrischen Strom bedarfsgerecht, am saubersten und am billigsten.[75]

Atomkraftgegner hingegen dementieren die vielgerühmte Sicherheit westlicher AKWs: Sie führen zahlreiche Beispiele für aktuelle Störfälle ins Feld, wie etwa den im Juni 2007 im Trafogebäude des AKW Krümmel (mittlerweile abgeschaltet) ausgebrochenen Brand. Des Weiteren bemängeln sie die ungelöste Frage nach der sicheren Endlagerung der radioaktiven Abfälle[76]; die dafür nötigen Geldmittel werden von Kernkraftanhängern bei der Kostenfrage gerne ausgeblendet. Auch das Argument, die Kernenergie würde helfen den Klimawandel aufzuhalten, wird durch Zahlen schnell widerlegt: atomar erzeugte Energie macht lediglich zwei

---

[72] vgl. BRÜCHER, W. (2008), S.7
[73] vgl. SIMON, C.P. (2006), S.215 und 217
[74] vgl. BUNDESMINISTERIUM FÜR UMWELT, NATURSCHUTZ UND REAKTORSICHERHEIT (04/2002)
[75] vgl. MACH, M.; SALANDER, C. (2006), S.44
[76] vgl. HARMS, R. (2007), S.112 und 114

Prozent der weltweiten Endenergie aus, sodass bei ihrem Ausscheiden keine nennenswert größere Belastung für das Klima auftreten würde.[77] Des Weiteren hat auch die Kernenergie keine CO2-Bilanz von Null, sofern man die gesamte Prozesskette der atomaren Energieerzeugung einbezieht.[78] Auch die prophezeite Stromlücke ist nicht nur durch Studien als unwahrscheinlich widerlegt, sondern auch durch konkrete Zahlen, wie die deutschen Stromexportquoten aus dem Jahr 2008[79] (siehe 2.1).

Aufgrund der Ablehnung der Atomenergie durch die Mehrheit der Bundesbürger ist ein Ausstieg aus dem Atomausstieg eher unwahrscheinlich, wie auch Abbildung 13 verdeutlicht.

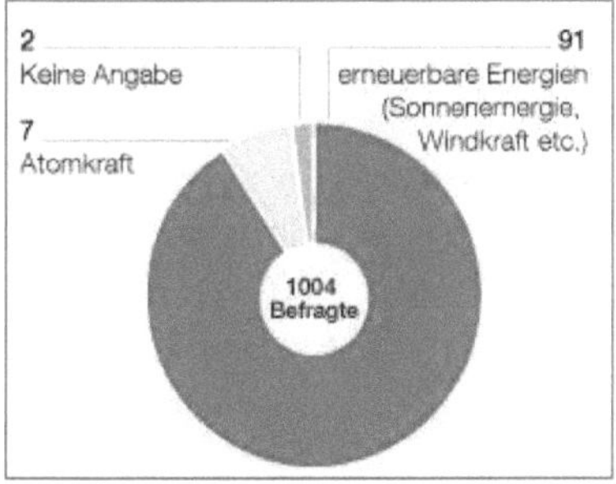

Abb. 13: Umfrage: Wollen Sie, dass im Jahr 2050 Atomkraft oder erneuerbare Energien die bedeutendste Rolle in der Energieversorgung Deutschlands spielen? Antworten in Prozent.

2.2.4 Energietechniken der Zukunft

Als besonders vielversprechend für die Zukunft gelten zunächst einmal die Kernfusion und dann noch die Energieerzeugung mit Hilfe von Wasserstoff in einer Brennstoffzelle.

Die Kernfusion erscheint rein rechnerisch als große Verheißung: Ein Kilo Wasserstoff entspricht energetisch 10 000 t Steinkohle. Problematisch ist jedoch, dass bisher die Technik noch nicht dazu in der Lage ist, dieses Potential zu nutzen. Die größte Schwierigkeit ist es den benötigten Druck zu erzeugen, um die Wasserstoffatomkerne schon bei Temperaturen um 10 Mio. °C in Helium umzuwandeln, anstatt bei über 100 Mio. °C. Dennoch macht die Forschung seit Jahrzehnten Fortschritte – wenn auch langsam. 2005 beschloss die EU gemeinsam mit sechs anderen Staaten den Experimental-Reaktor „ITER" (International Thermonuclear Experimental Reactor) zu bauen, der beweisen soll, dass eine Nutzung der Kernfusion möglich ist. Experten zufolge wird eine wirtschaftliche Nutzung etwa um 2050 möglich.[80]

Manch einer predigt den Aufbruch ins Wasserstoffzeitalter, während andere die angestrebte Wasserstoffwirtschaft als Irrweg abtun. Zwar ist Wasserstoff das häufigste Element im Universum, allerdings nicht in reiner Form. Das große Problem, trotz unbegrenztem und beinahe ubiquitärem Vorhandensein, ist sein Auftreten in gebundener Form. Die riesige Herausforderung ist also die Gewinnung von reinem Wasserstoff. Diese ist sehr energieintensiv und somit dank des voranschreitenden Energiespargedankens unattraktiv.[81] Vorteile des Wasserstoffs sind jedoch seine gute Ökobilanz – sein Abfallprodukt ist Wasser – sowie seine vielseitige Einsetzbarkeit zur Gewinnung von Strom, Wärme und Treibstoff. Sollte es also

---

[77] vgl. HARMS, R. (2007), S.116
[78] vgl. LüBBERT, D. (2007), S.12f.
[79] vgl. SüDDEUTSCHE.DE (09/2008)
[80] vgl. MüLLER, R.S. (2006), S.186f.
[81] vgl. MEISE, T. (2006), S.271f.

gelingen die Herstellung von Wasserstoff weniger energieintensiv und allgemein billiger zu bewerkstelligen, würde sich mit Sicherheit ein breites Anwendungsfeld der Brennstoffzellentechnik entwickeln. Denn die Anwendbarkeit ist bereits sichergestellt; es fehlt nur noch der Wasserstoff selbst.

Ein anderer Ansatz wäre wohl die Herstellung von Wasserstoff als Lösung für die Speicherproblematik, die sich der Energiebranche allgemein stellt[82]: man könnte den Wasserstoff immer dann erzeugen, wenn überschüssige Energie vorhanden ist und so Energie speichern für Zeiten, in denen mehr Energie benötigt wird, als erzeugt werden kann.[83]

2.2.5 Effizienzsteigerung und Einsparpotenzial

Themen, die heute nicht mehr fehlen dürfen, wenn man von Energieerzeugung spricht, sind Energieeffizienz und Einsparpotenzial – sowohl von Energie als auch von Treibhausgasen. Ohne diesen beiden Bereichen Beachtung zu schenken, wird es uns nicht gelingen zukünftig unseren Energiebedarf zu decken. In Europa haben wir heute eine sogenannte 6000-Watt-pro-Kopf-Gesellschaft. Das ist deutlich zu viel. Dank Hocheffizienztechniken ist es machbar, so die Experten, bis 2050 eine 2000-Watt-pro-Kopf-Gesellschaft zu ermöglichen, wenn wir die notwendigen Maßnahmen ergreifen. Wir müssen also nur das immense Sparpotenzial nutzen.[84] Der richtige Weg sind also „Einsparkraftwerke": Es wird Energie eingespart, anstatt neue Kraftwerke zu bauen und mehr Energie zu erzeugen – das ist gleichzeitig von Vorteil für den Verbraucher und die Umwelt. Dafür ist es nötig, entsprechende Anreize zu schaffen. Energieanbieter, die ihren Kunden Energie sparen helfen, müssen belohnt werden, um Absatzförderung zu hemmen.[85] Die Einsparung würde tatsächlich Geld sparen und ein Finanzierungsplan existiert bereits; eine weitere Erläuterung wäre an dieser Stelle jedoch zu ausführlich.[86] Das für Deutschland errechnete Energieeinsparpotenzial zeigt Abbildung 14.

Als Nebeneffekt der Energieeinsparung würde sich auch eine immense Einsparung an CO2 ergeben. Beispielsweise würde allein der Austausch alter Elektromotoren gegen moderne elektronisch geregelte Antriebe in der Industrie es ermöglichen ein Viertel der CO2-Einsparziele der EU zu erreichen und gleichzeitig den Neubau von 45 000 MW Kraftwerksleistung unnötig machen. Und dies ist nur eines von vielen möglichen Beispielen, um zu verdeutlichen, wie viel hier machbar ist.[87] Dass diese Einsparprognosen keine Märchen sind, wird deutlich, wenn man bedenkt,

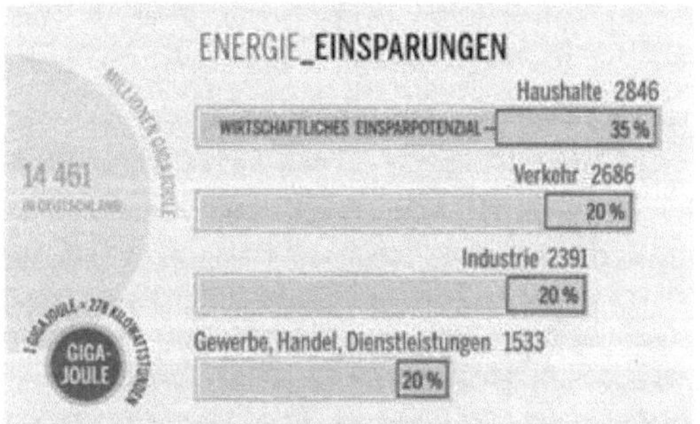

Abb. 14: Energieeinsparpotenzial in Deutschland

---

[82] vgl. SIMON, C.P. (2006), S.217
[83] vgl. LINDNER, L. (2007)
[84] vgl. HENNICKE, P. (2006), S.386
[85] vgl. HENNICKE, P. (2006), S.389
[86] vgl. HENNICKE, P. (2006), S.390 und 394

dass in Deutschland 2007 durch die Nutzung erneuerbarer Energien 115 Mio. t CO2 vermieden wurden (Abb. 15).

Besonders erwähnenswert ist in diesem Zusammenhang noch die Kraft-Wärme-Koppelung (KWK), die ebenfalls immenses Einsparpotenzial für beide Bereiche bereithält, indem sie die Abwärme der normalen Kraftwerke nutzt. Deutlich wird dies, wenn man hört, dass zum Beispiel gasgetriebene Kraftwerke mit Hilfe von KWK eine Energieausbeute von 90 Prozent erreichen können (anstatt der üblichen knapp 60 Prozent).[88] Auch in diesem Bereich ist noch deutliches Potenzial für Deutschland vorhanden, das es in Zukunft zu nutzen gilt.[89]

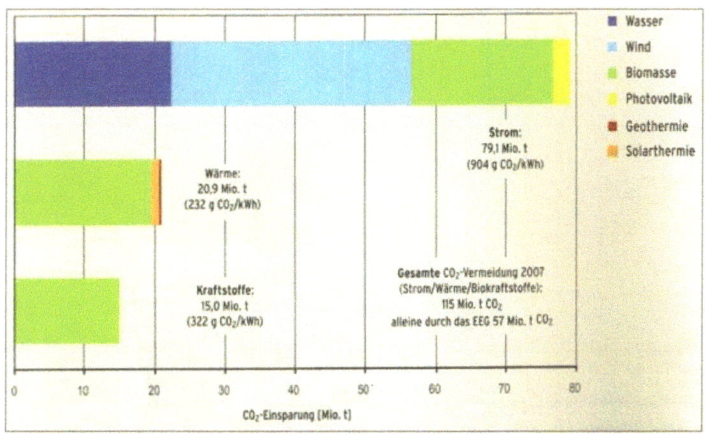

Abb. 15: CO2-Einsparung durch Nutzung erneuerbarer Energien in Deutschland (2007)

2.3 Szenarien

Szenarien sind fiktive Zukunftsentwürfe, die Entwicklungen beschreiben, die sich potentiell als Folge bestimmter Handlungen und Rahmenbedingungen einstellen; diese werden analysiert. Ziel ist es, Handlungsnotwendigkeiten festzustellen, Gestaltungsspielräume darzulegen und Handlungswirkungen und gegebenenfalls auftretende Konflikte zu verdeutlichen.[90]

Allen folgenden Szenarien liegen identische Annahmen bezüglich der demographischen und gesamtwirtschaftlichen Entwicklung zugrunde; das Bruttoinlandsprodukt steigt bis 2050 um 80 Prozent, während gleichzeitig der PEV rückläufig ist (2008: 14009 PJ) .[91]

2.3.1 Szenario I: Referenzszenario

Das Referenzszenario (REF) dient als Bezugsbasis für die übrigen folgenden Szenarien; es geht von der Fortdauer der aktuellen energiepolitischen Rahmenbedingungen und Entwicklungstendenzen aus: Die Nutzung der Kernenergie endet wie vereinbart nach 2020. Die Klimaschutz-

---

[87] vgl. URBACH, M. (2006), S.112
[88] vgl. URBACH, M. (2006), S.113
[89] vgl. ROTH, W. (2007)
[90] vgl. HENSSEN, H. (2002)
[91] vgl. VOß, A. (2006), S.18

ziele werden nicht weiter verschärft; es bleibt bei den Kyoto-Zielen von 2008/2012.[92] Die fossilen Energieträger bleiben dominant und decken im Jahr 2050 mehr als 85 Prozent des Primärenergieverbrauchs (PEV). Die CO2-Emissionen liegen bei etwa 700 Mio. t sehr hoch.[93]

Den Entwicklungsverlauf zeigt Abbildung 17. Dies ist mit Sicherheit eine Folge der stetig sinkenden Energieintensität[94] in der BRD (Abb. 16). Eine Reduktion der CO2-Emission um 80 Prozent bis zum Jahr 2050 (→globale Erwärmung 2-2,4 °C)[95] erscheint technisch machbar. Die mittleren Stromgestehungskosten liegen 2050 dann bei 4,3 Cent/KWh.[96] Experten erwarten, dass sich langfristig die Kosten bei den erneuerbaren Energien vermutlich auf 4 bis 10 Cent/kWh einpendeln (Vergleich aktuell: 8 bis 20 Cent/ kWh).[97]

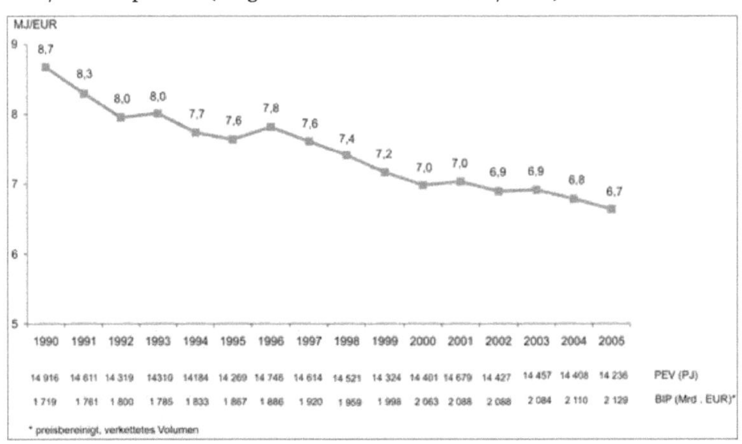

	1990	1991	1992	1993	1994	1995	1996	1997	1998	1999	2000	2001	2002	2003	2004	2005	
	14 916	14 611	14 319	14 310	14 184	14 269	14 746	14 614	14 521	14 324	14 401	14 679	14 427	14 457	14 408	14 236	PEV (PJ)
	1 719	1 761	1 800	1 785	1 833	1 867	1 886	1 920	1 959	1 998	2 063	2 088	2 088	2 084	2 110	2 129	BIP (Mrd . EUR)*

* preisbereinigt, verkettetes Volumen

Abb. 16: Entwicklung der Energieintensität (BRD)

2.3.2 Szenario II: Präferenz Erneuerbare Energien

In Szenario II – „Präferenz Erneuerbare Energien" (PEE) – wird davon ausgegangen, dass die Energieversorgung zunehmend auf der Grundlage erneuerbarer Energiequellen basiert. Gleichzeitig soll die allgemeine Einsparung von Energie forciert werden. Endziel ist es, dass sowohl was Strom als auch Wärme und Treibstoff betrifft, im Jahr 2050 geringstenfalls 50 Prozent des PEV von EE erbracht werden. Wie beim REF läuft die Nutzung der Atomenergie wie aktuell gesetzlich vorgesehen aus. CCT kommen nicht zum Einsatz, da die Abtrennung und Deponierung von CO2 nicht zugelassen ist.[98] Dennoch decken Erdöl und -gas die anderen 50 Prozent des PEV. Allerdings halbiert sich die verbrauchte Menge an fossilen Energiequellen dennoch als Folge des rückläufigen PEV.[99] Den Entwicklungsverlauf zeigt Abbildung 17.

---

[92] vgl. VOß, A. (2006), S.17
[93] vgl. VOß, A. (2006), S.18
[94] Energieeinheiten an Primärenergie, die notwendig sind, um eine Geldeinheit des BIP herzustellen
[95] vgl. INTERNATIONALE ENERGIE AGENTUR (2008), S.3
[96] vgl. VOß, A. (2006), S.20
[97] vgl. GREENPEACE (2007), S.32
[98] vgl. VOß, A. (2006), S.17
[99] vgl. VOß, A. (2006), S.18f.

Besonders was die Stromerzeugung anbelangt spielen die EE hier eine Rolle: 2050 leisten sie 75 Prozent der Stromerzeugung. Die größten Anteile haben hierbei Windenergie und der Import von regenerativem Strom mit jeweils über 100 TWh. Die Kohlestromerzeugung endet 2040 gänzlich zugunsten der CO2-Reduktion. Nur noch Erdgas spielt eine Rolle als nichtregenerativer Energieträger.[100]

Wie beim REF-Szenario scheint eine Reduktion der CO2-Emission um 80 Prozent bis zum Jahr 2050 (→globale Erwärmung 2-2,4 °C)[101] möglich. Die totalen Minderungskosten[102] dafür belaufen sich allerdings auf 593 Mrd. Euro. Die mittleren Stromgestehungskosten liegen 2050 dann bei 9,8 Cent/KWh.[103]

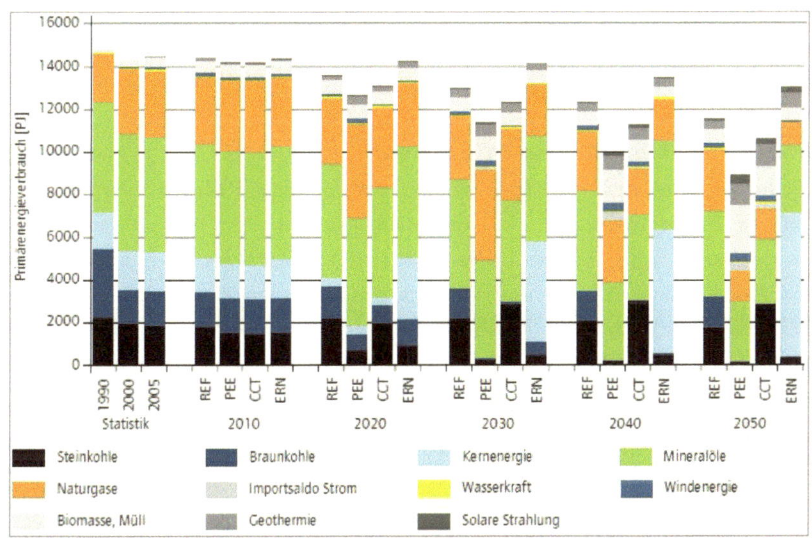

Abb. 17: Primärenergieverbrauch der BRD nach Energieträgern im Szenarienvergleich

2.3.3 Szenario III: Clean Coal Technologies

Im Szenario III liegt der Schwerpunkt auf der Nutzung fossiler Energieträger, die mit Hilfe von Clean Coal Technologies (CCT) umweltverträglich und dank Effizienzsteigerung länger verfügbar gemacht werden. Auch in diesem Szenario findet Kernenergie nach 2020 keine weitere Anwendung.[104]

Im CCT-Szenario bleibt die Kohle dauerhaft ein wichtiger Energieträger (2050: etwa 25 Prozent). Die Einhaltung der CO2-Reduktionsziele soll allein mit Hilfe der CCT ermöglicht werden, nicht durch ein Umsteigen auf andere Energiequellen.[105] Eine Halbierung der Menge an

---

[100] vgl. VOß, A. (2006), S.19
[101] vgl. INTERNATIONALE ENERGIE AGENTUR (2008), S.3
[102] Kostendifferenz der gesamten Kosten des Energiesystems bis 2050 (Zielszenarios) verglichen mit denen des REF
[103] vgl. VOß, A. (2006), S.20
[104] vgl. VOß, A. (2006), S.17
[105] vgl. VOß, A. (2006), S.18

fossilen Energieträgern ist eine Folge des rückläufigen PEV.[106] Den Entwicklungsverlauf zeigt Abbildung 17.

Das CCT-Szenario ist das genaue Gegenteil zum PEE-Szenario in Bezug auf die Strombereitstellung: dank der technischen Möglichkeit auf der Grundlage von Kohle Strom zu erzeugen, ohne übermäßig viel CO_2 freizusetzen, wird die entsprechende Kraftwerkstechnologie ab 2020 konsequent ausgebaut, bis 2040 weitere Treibhausgasrestriktionen dem ein Ende setzen. Dessen ungeachtet ist 2050 Kohle, mit mehr als 50 Prozent Hauptenergieträger der Stromerzeugung.[107]

Eine Reduktion der CO_2-Emission um 80 Prozent bis zum Jahr 2050 erscheint technisch machbar (→globale Erwärmung 2-2,4 °C)[108]. Die kumulierten Kosten, um dies zu ermöglichen, betragen 262 Mrd. Euro. Die mittleren Stromgestehungskosten liegen 2050 dann bei 2,5 Cent/KWh.[109]

2.3.4 Szenario IV: Effiziente Ressourcennutzung

Im vierten Szenario setzt man auf eine möglichst effiziente Ressourcennutzung (ERN). Ökologische Nachhaltigkeitsziele (v.a. die Minderung der CO_2-Emission) sollen unter Beachtung ökonomischer Aspekte bei möglichst effizienter Energieerzeugung eingehalten werden. Energietechnologien, die dazu beitragen können, werden politisch nicht tabuisiert: Eine weitere Nutzung der Kernenergie ist nicht ausgeschlossen.[110] Im Jahr 2050 erreicht sie deshalb einen Anteil von knapp 50 Prozent am PEV.[111] Den Entwicklungsverlauf zeigt Abbildung 17. Eine weitere wichtige Technologie betreffend die Effizienzsteigerung ist die Kraft-Wärme-Kopplung, die deshalb ebenfalls deutliche Zuwachsraten verzeichnen kann.[112]

Tatsächlich entwickelt sich im ERN-Szenario die Kernenergie ab 2015 kontinuierlich zum Stromerzeuger Nummer eins. Nach einem stetigen Zubau neuer AKWs erreicht sie 2050 einen Anteil von 86 Prozent an der Nettostrombereitstellung (zum Vergleich heute: 23 Prozent). Hauptgrund für diese Entwicklung sind die vergleichsweise geringen Kosten und die verschärfte Klimapolitik. Ebendiese führt auch dazu, dass die „billige Atomenergie" sogar nennenswerte Beiträge zur Wärmebereitstellung zu leisten beginnt, um den CO_2-Minderungszielen gerecht werden zu können.[113]

Eine Reduktion der CO_2-Emission um 80 Prozent bis zum Jahr 2050 erscheint technisch machbar (→globale Erwärmung 2-2,4 °C)[114]. Die gesamten Minderungskosten belaufen sich hierbei auf -259 Mrd. Euro. Die mittleren Stromgestehungskosten liegen 2050 dann bei 2,5

---

[106] vgl. VOß, A. (2006), S.19
[107] vgl. VOß, A. (2006), S.19
[108] vgl. INTERNATIONALE ENERGIE AGENTUR (2008), S.3
[109] vgl. VOß, A. (2006), S.20
[110] vgl. VOß, A. (2006), S.17
[111] vgl. VOß, A. (2006), S.19
[112] vgl. GREENPEACE (2005), S.26
[113] vgl. VOß, A. (2006), S.20
[114] vgl. INTERNATIONALE ENERGIE AGENTUR (2008), S.3

Cent/KWh.[115] Jedoch werden auch hier, wie häufig bei Diskussionen über die Kernenergie, keine konkreten Pläne zur Endlagerung des Atommülls erläutert.

3. Fazit

Versorgungssicherheit, Wirtschaftlichkeit und Umweltverträglichkeit – das sind die großen Ziele für die zukünftige Energieversorgung. Diese Arbeit hat ausgehend von der aktuellen Situation der Energieversorgung Deutschlands die Perspektiven der einzelnen Technologien untersucht, um einen Ausblick auf die Zukunft zu ermöglichen.

Klar geworden ist dabei vor allem, dass in beinahe allen Bereichen – besonders, aber nicht ausschließlich, bei den erneuerbaren Energien – immenses Potenzial zur Weiterentwicklung besteht. Es wurde aber auch deutlich, dass die aktuellen Entwicklungen teilweise in die falsche Richtung gehen und dass Geld an falscher Stelle investiert wird, das anderswo besser eingesetzt würde. Auch die falsche Euphorie, die phasenweise durch übermäßige Beschönigung ausgelöst wird, ist abzulehnen. Energieerzeugung aus regenerativen Energien ist (noch) nicht immer so umweltfreundlich, wie es auf den ersten Blick scheint. Man muss immer alle Produktions-faktoren mit einbeziehen, um die Situation richtig beurteilen zu können.

Allerdings konnte ich während meiner Recherche feststellen, dass die verbreitete Angst vor einer Stromlücke unbegründet scheint, wie brandaktuell vom Umweltbundesamt erneut durch eine Studie bestätigt wurde[116]. Solche Schlagzeilen scheinen eher als strategisches Mittel eingesetzt zu werden, als tatsächlich wissenschaftlich fundiert zu sein.

Energie wird in Zukunft wohl teurer werden; das scheint unvermeidlich. Die Frage ist, wie teuer und aus welchen Gründen (steigende Ölpreise oder kostenintensivere und umweltfreundlichere Technologien). Mit Sicherheit spielt die weltweit deutlich wachsende Nachfrage eine Rolle. Weder auf das eine noch das andere Thema möchte ich im Rahmen dieser Arbeit näher eingehen. Ebenso könnte man noch viel über das durch erneuerbare Energien geschaffene Arbeitsplatzpotenzial (v.a. in der Landwirtschaft) sowie die politischen Standpunkte einzelner Parteien und Länder schreiben; auch darauf muss ich verzichten.

Insgesamt kann als Ergebnis dieser Arbeit festgehalten werden, dass die Versorgung Deutschlands mit Energie verschiedenste Wege zu gehen vermag und deshalb nur die Zukunft zeigen kann, wie es tatsächlich weitergeht. Definitiv scheint vor allem eine Verbesserung im Bereich des Umweltschutzes machbar und auch in unser aller Interesse.

---

[115] vgl. VOß, A. (2006), S.20
[116] vgl. SCHRADER, C. (2009)

Abbildungsverzeichnis

Abb. 1: Energiemix der BRD 2008
<http://www.ag-energiebilanzen.de/viewpage.php?idpage=62> (→ Jahr 2008) (22.09.2009)

Abb. 2: Strommix der BRD 2008
<http://www.unendlich-viel-energie.de/uploads/media/Strommix-2008.jpg> (22.09.2009)

Abb. 3: Wärmeerzeugung in der BRD 2008
<http://www.unendlich-viel-energie.de/uploads/media/Gesamtwaermeverbrauch-2008.jpg>
(22.09.2009)

Abb. 4: Treibstoffe in der BRD 2008
< http://www.unendlich-viel-energie.de/uploads/media/Kraftstoffverbrauch-2008.jpg >
(22.09.2009)

Abb. 5: Aufkommen und Importabhängigkeit der BRD bei Energierohstoffen
       1997 und 2007
<http://www.bgr.bund.de/cln_092/nn_322848/DE/Themen/Energie/Bilder/Kurzstudie2007
/Ene__Energierohst__import__2007__g.html> (22.09.2009)

Abb. 6: Erdgasbezugsquellen der BRD 2008
<http://www.bdew.de/bdew.nsf/id/DE_Druckvorlage_Erdgasbezugsquellen_Deutschlands/$fi
le/Erdgasbezugsquellen%202008.pdf> (24.09.2009)

Abb. 7: Verteilung der Erdgasreserven weltweit
PETERMANN, J. (Hrsg.) (2006): Sichere Energie im 21. Jahrhundert, S. 144

Abb. 8: Importabhängigkeit Deutschlands bei Energierohstoffen
HILLEMEIER, B. (Hrsg.) (2006): acatech DISKUTIERT. Die Zukunft der Energieversorgung in
Deutschland, S.31

Abb. 9: Biogasanlagen (Anzahl der Installationen und Kapazität in MW)
< http://www.renewables-made-in-germany.com/typo3temp/pics/6bc3a2327c.gif >
(16.09.2009)

Abb. 10: Übersicht über die wichtigsten Regionen Deutschlands, die für
       hydrogeothermische Nutzung in Frage kommen
BUNDESMINISTERIUM FÜR UMWELT, NATURSCHUTZ UND REAKTORSICHERHEIT:
Nutzungsmöglichkeiten der tiefen Geothermie in Deutschland, S.57

Abb. 11: Neu installierte PV-Leistung in Deutschland
<http://klimakrise.de/wp-content/uploads/2009/02/neu-installierte-leistung-
deutschland.jpg> (01.10.2009)

Abb. 12: Restlaufzeiten deutscher Atomkraftwerke
<http://www.faz.net/s/Rub0E9EEF84AC1E4A389A8DC6C23161FE44/Doc~ECDEFE53179BB
4A2A8625D85A0A9F5A01~ATpl~Ecommon~SMed.html#D710827CA9504A36A3EBF0B46C3
27520 > (14.09.2009)

Literaturverzeichnis

Primärliteratur:

BÖHME, D. (2008): Erneuerbare Energien in Zahlen. Berlin.

DEUTSCHES WINDENERGIE-INSTITUT (2009): Windenergie in Deutschland –
Aufstellungszahlen für das Jahr 2008. Wilhelmshaven.

GREENPEACE (2005): Energy Revolution: A sustainable pathway to a clean energy future for
Europe. Brüssel.

GREENPEACE (2007): Globale Energie-[R]evolution. Brüssel.

INTERNATIONALE ENERGIE AGENTUR (2008): Energy Technology Perspectives –
Szenarien und Strategien bis 2050. Paris.

LüBBERT, D. (2007): CO2-Bilanzen verschiedener Energieträger im Vergleich. Zur
Klimafreundlichkeit von fossilen Energien, Kernenergie und erneuerbaren Energien. Berlin.

STATISTISCHES BUNDESAMT (2006): Energie in Deutschland. Wiesbaden.

Zeitschriften/Artikel:

BRÜCHER, W. (2008): Erneuerbare Energien in der globalen Versorgung aus historisch-
geographischer Perspektive. IN: Geographische Rundschau, 2008 (Heft 1), S.4-12

CLAUSER, C. (1997): Erdwärmenutzung in Deutschland.
IN: Geowissenschaften, 1997 (Heft 7), S.218-224

HANSEN, D.; TORSTAD HEGGELUND, E. (2008): Lösungen für eine saubere und
wirtschaftliche Energieproduktion.
IN: Energiewirtschaftliche Tagesfragen, 2008 (Heft 8), S.16-20

HARMS, R. (2007): Weder sauber noch sicher: Atomkraft ist keine Lösung.
IN: Klima der Gerechtigkeit, S.112-116

HELFER, M. (2008): Perspektiven der Steinkohle im 21. Jahrhundert.
IN: Geographische Rundschau, 2008 (Heft 1), S.32-41

HENNICKE, P. (2006): Die siamesischen Zwillinge der Energie.
IN: Sichere Energie im 21. Jahrhundert, S.385-395

JANZING, B. (2006a): Erdwärme: die vergessene Reserve.
IN: Sichere Energie im 21. Jahrhundert, S.237-241

JANZING, B. (2006b): Strom aus der Kraft des Wassers.
IN: Sichere Energie im 21. Jahrhundert, S.243-249

KADEN, W. (2006): Erdgas: Option für den Übergang?
IN: Sichere Energie im 21. Jahrhundert, S.143-153

KREWITT, W. (2006): Das Potenzial industrieller Kraft-Wärme-Kopplung in Deutschland.
IN: BWK, 2006 (Heft 10), S.6-11

KRIEDEL, N.; SCHRÖER, S. (2008): Die Auswirkungen des Kernenergieausstiegs auf die
Stromerzeugung: Szenarien bis 2020.
IN: Energiewirtschaftliche Tagesfragen, 2008 (Heft 7), S.18-21

KRÖHER, M.O.R. (2007): Ein aus den USA heimgekehrter Professor will Deutschland zum
Solar-Musterland machen. Die Chancen stehen gut.
IN: Manager-Magazin, 2007 (Heft 1), S.110-115

MACH, M.; SALANDER, C. (2006): Der Industriestaat Deutschland ohne Kernenergie: Eine
sinnvolle politisch-wirtschaftliche Entscheidung?
IN: acatech DISKUTIERT. Die Zukunft der Energieversorgung in Deutschland, S.41-52

MEISE, T. (2006): Wasserstoff: Lösung oder Illusion?
IN: Sichere Energie im 21. Jahrhundert, S.271-275

MüLLER, P. (2004): Das Potential der Photovoltaik zu Energieversorgung in Deutschland.
IN: Solarzeitalter – Vision und Realität, S.145-163

MüLLER, R.S. (2006): Kernfusion: die ewige Verheißung.
IN: Sichere Energie im 21. Jahrhundert, S.185-191

PECK, C. (2006): Perspektiven der Kohle – „sauberer" Strom?
IN: Sichere Energie im 21. Jahrhundert, S.133-141

REICHEL, W. (2006): Kohle auch in Zukunft unverzichtbar.
IN: Sichere Energie im 21. Jahrhundert, S.155-161

REMPEL, H. (2008): Globale Verfügbarkeit nicht-erneuerbarer Energierohstoffe.
IN: Geographische Rundschau, 2008 (Heft 1), S.22-31

ROSENKRANZ, G. (2006): Die Fronten im Energiestreit – Trägheit der Systeme.
IN: Sichere Energie im 21. Jahrhundert, S.37-49

SCHRADER, C. (2009): Mythos Stromlücke. IN: Süddeutsche Zeitung, 2009 (Nr. 224), S.22

SIMON, C.P. (2006): Sonne – Kraft im Überfluss.
IN: Sichere Energie im 21. Jahrhundert, S.209-217

UHRMEISTER, B. (2002): Der Endausbau unserer Flüsse droht.
IN: Jahrbuch des Vereins zum Schutz der Bergwelt, 2002, S.241-244

URBACH, M. (2006): Feldzug gegen die Verschwendung.
IN: Sichere Energie im 21. Jahrhundert, S.111-121

VAHRENHOLT, F. (2006): Braucht die Welt Atomkraft?
IN: Sichere Energie im 21. Jahrhundert, S.193-199

VOß, A. (2006): Wege zu einer nachhaltige Energieversorgung in Deutschland.
IN: acatech DISKUTIERT. Die Zukunft der Energieversorgung in Deutschland, S.11-21

WAGNER, E. (2008): Stromgewinnung aus regenerativer Wasserkraft – Potenzialanalyse.
IN: ew, 2008 (Heft 1-2), S. 78-81

Internet:

AG ENERGIEBILANZEN e.V. (2009):
< http://www.ag-energiebilanzen.de/viewpage.php?idpage=6 > (2.9.09)

BUNDESANSTALT FüR GEOWISSENSCHAFTEN UND ROHSTOFFE: Speichermöglichkeiten
< http://www.bgr.bund.de/cln_092/nn_329330/DE/Themen/Geotechnik/CO2-
Speicherung/Speichermoeglichkeiten/speichermoeglichkeiten__node.html?__nnn=true>
(25.09.2009)

BUNDESMINISTERIUM FÜR UMWELT, NATURSCHUTZ UND REAKTORSICHERHEIT
(04/2002): Neues Atomgesetz tritt in Kraft. Atomausstieg ist die konsequente Antwort auf
Tschernobyl.
< http://www.bmu.de/pressearchiv/14_legislaturperiode/pm/1472.php > (15.09.2009)

DAS ENERGIEPORTAL.DE (03/2009): CO2-Emissionen erreichen 2008 den tiefsten Stand seit
1990.
< http://www.das-
energieportal.de/startseite/nachrichtendetails/datum/2009/03/31/eintrag/co2-emissionen-
erreichen-2008-den-tiefstem-stand-seit-1990/ > (15.09.2009)

DEUTSCHE ENERGIE AGENTUR (2008a) : Biokraftstoffe in Deutschland.
< http://www.renewables-made-in-germany.com/de/biokraftstoffe/ > (21.09.2009)

DEUTSCHE ENERGIE AGENTUR (2008b) : Die deutsche Biogas-Branche.
< http://www.renewables-made-in-germany.com/de/biogas/ > (21.09.2009)

DEUTSCHE ENERGIE AGENTUR (2008c) : Die deutsche Geothermie-Branche.
< http://www.renewables-made-in-germany.com/de/geothermie/ > (21.09.2009)

DEUTSCHE ENERGIE AGENTUR (2008d) : Feste Biomasse in Deutschland.
< http://www.renewables-made-in-germany.com/de/feste-biomasse/ > (21.09.2009)

DEUTSCHE ENERGIE AGENTUR (2008e) : renewables made in Germany.
< http://www.renewables-made-in-germany.com/de/ > (21.09.2009)

HENSSEN, H. (2002): Was sind Energieszenarien, was können sie leisten?
< http://www.energie-fakten.de/html/szenarien.html > (29.09.2009)

JANZING, B.; REIMER, N. (2008): Deutschland ist Stromexport-Meister.
< http://www.wir-
klimaretter.de/index.php?Itemid=256&id=1361&option=com_content&task=view >
(10.09.2009)

ROTH, W. (2007): Energie-Szenario – Verschwendung im Überfluss.
< http://www.sueddeutsche.de/wirtschaft/844/340689/text/ > (28.09.2009)

SüDDEUTSCHE.DE (09/2008): Stromlücke ist Propaganda.
< http://www.sueddeutsche.de/wissen/604/310532/text/ > (15.09.2009)

KOTYNEK, M. (2008): Wärme und Strom aus der Tiefe.
< http://www.sueddeutsche.de/wissen/985/323852/text/ > (21.09.2009)

LEWALTER, U. (2007): Mit Vollgas über die Weltmeere.
< http://www.stern.de/wissen/technik/liquefied-natural-gas-lng-mit-vollgas-ueber-die-
weltmeere-555013.html> (24.09.2009)

LINDNER, L. (2007): Energie speichern – aber wie?
< http://www.buerger-fuer-technik.de/body_energiespeicherung.html > (27.09.2009)

VATTENFALL (2008): Die Pilotanlage in Schwarze Pumpe.
< http://www.vattenfall.de/www/vf/vf_de/225583xberx/228407klima/228587co2-
f/1545271proje/1545402pilot/index.jsp?WT.ac=search_success > (22.09.2009)